Leopold-Joseph Fitzinger

Bilder-Atlas zur wissenschaftlich-populären Naturgeschichte der Säugethiere

in ihren sämmtlichen Hauptformen

Leopold-Joseph Fitzinger

Bilder-Atlas zur wissenschaftlich-populären Naturgeschichte der Säugethiere
in ihren sämmtlichen Hauptformen

ISBN/EAN: 9783744637329

Hergestellt in Europa, USA, Kanada, Australien, Japan

Cover: Foto ©berggeist007 / pixelio.de

Weitere Bücher finden Sie auf **www.hansebooks.com**

ALPHABETISCHES VERZEICHNISS
IM TEXTE VORKOMMENDEN GATTUNGS-NAMEN.

VORWORT.

Da dieser Text zu den fertigen Tafeln geschrieben wurde, so musste bei der Ausarbeitung die systematische Ordnung, welche durch die letzteren angedeutet erschien, genau eingehalten werden. Nur einmal geschah eine Ausnahme, indem die Faulthiere im Texte nach den Schuppenthieren folgen und nicht nach den Lemuren als eigene Ordnung. Die systematische Behandlung wurde nur bei den Säugethieren strenge festgehalten, bei den folgenden Klassen aber die Gattungs-Charakteristik bei Seite gelassen. Dieses rechtfertigt sich vorzugsweise aus zwei Gründen; einmal sollte der Text einen sehr beschränkten Umfang haben, nur als eine die Bilder begleitende Erläuterung dienen und kein System repräsentiren, dann aber wäre es nicht möglich gewesen, in die Abgrenzung der Gattungen, wie sie dem Herausgeber der Abbildungen vorschwebte, sich überall hineinzufinden, um so weniger, als Dr. Fitzinger sich nicht durchaus an das gangbare System hielt.

Würde es mir gelungen sein, durch meine beschreibenden Skizzen die Abbildungen namentlich für jüngere Freunde der Thierwelt belehrender und dem Verständniss zugänglicher gemacht zu haben, so wäre meine Mühe reichlich belohnt.

Wien, im September 18[illegible].

Der Verfasser

Rückgratthiere oder Wirbelthiere

(Animalia vertebrata.)

I. Klasse.

Säugethiere (Mammalia.)

[illegible]

[illegible]

[illegible]

[illegible]

I. Nagelklauenthiere (Unguiculata).

Fig. 1–132

[illegible]

Erste Ordnung.

Affen (Quadrumana).

[illegible]

1. Familie.

Affen der alten Welt (Catarrhinae).

[illegible]

1. Gattung. Waldmenschen (Troglodytes).

[illegible]

[illegible]

2. Gattung. Orang (Simia).

[illegible]

[illegible]

3. Gattung. Gibbons (Hylobates).

[illegible]

[illegible]

4. Gattung: [illegible]

[illegible]

[illegible]

5. Gattung: [illegible]

[illegible]

[illegible]

6. Gattung: [illegible]

[illegible]

[illegible]

7. Gattung: Meerkatzen (Cercopithecus).

[illegible]

[illegible]

[illegible]

8. Gattung: [illegible]

[illegible]

[illegible]

[illegible]

9. Gattung: Magot (Inuus).

[illegible]

[illegible]

10. Gattung: Pavian (Cynocephalus).

[illegible]

[illegible]

11. Gattung: Mandrill (Papio).

[illegible]

[illegible]

[illegible]

3. Gattung. [illegible]

[illegible]

[illegible]

4. Familie.

Halbaffen ([illegible]).

[illegible]

1. Gattung. Maki ([illegible]).

[illegible]

[illegible]

[illegible]

2. Gattung. Lori ([illegible]).

[illegible]

[illegible]

[illegible]

3. Gattung. [illegible]

[illegible]

[illegible]

Zweite Ordnung.

Flatterthiere (Chiroptera).

[illegible]

1. Familie.

[illegible]

[illegible]

1. Gattung. [illegible]

[illegible]

[illegible]

[illegible]

1. Familie.

Hunde (Canes)

[illegible]

1. Gattung. Hund (Canis)

[illegible]

[illegible]

2. Gattung: Fuchs (Vulpes).

[illegible]

3. Gattung: Hyänenhund (Lycaon).

[illegible]

4. Gattung: Hyäne (Hyaena).

[illegible]

[illegible]

3. Familie.

Katzen (Feles).

[illegible]

1. Gattung: Löwe (Leo).

[illegible]

[illegible]

8. Gattung. Wiesel (Mustela).

[illegible]

10. Gattung. Vielfraß (Gulo).

[illegible]

[illegible]

[illegible]

6. Gattung: [illegible]

[illegible]

[illegible]

7. Gattung: [illegible]

[illegible]

[illegible]

6. Familie.

Igel [illegible]

[illegible]

1. Gattung: Igel [illegible]

[illegible]

[illegible]

2. Gattung: [illegible]

[illegible]

[illegible]

7. Familie.

Spitzmäuse [illegible]

[illegible]

1. Gattung: Spitzmaus [illegible]

[illegible]

[illegible]

2. Gattung: [illegible]

[illegible]

[illegible]

5. Familie.

[illegible]

1. Gattung. [illegible]

[illegible]

2. Gattung. [illegible]

[illegible]

Vierte Ordnung.

[illegible]

[illegible]

1. Familie.

[illegible]

[illegible]

1. Gattung. [illegible]

[illegible]

[illegible] Familie

[illegible]

[illegible]

1. Gattung [illegible]

[illegible]

2. Gattung [illegible]

[illegible]

3. Gattung [illegible]

[illegible]

3. Gattung [illegible]

[illegible]

3. Familie

[illegible] oder [illegible]

[illegible]

1. Gattung [illegible]

[illegible]

4. Familie

[illegible] oder [illegible]

[illegible]

1. Gattung [illegible]

[illegible]

[illegible]

2. Gattung: Phalanger (Phalangista.)

[illegible]

3. Gattung: Koala (Phascolarctus.)

[illegible]

3. Familie.
Springbeutelthiere oder [illegible]
(Halmaturi.)

[illegible]

1. Gattung: Potoru (Hypsiprymnus.)

[illegible]

2. Gattung: Känguru (Macropus.)

[illegible]

4. Familie.
Nagebeutelthiere oder [illegible]
(Phascolomyes.)

[illegible]

1. Gattung: [illegible] (Phascolomys.)

[illegible]

Fünfte Ordnung.
Nagethiere (Rodentia.)

[illegible]

[illegible]

---

1. Familie.

[illegible]

[illegible]

1. Gattung. [illegible]

[illegible]

[illegible]

---

2. Familie.

[illegible]

[illegible]

1. Gattung. [illegible]

[illegible]

[illegible]

2. Gattung. [illegible]

[illegible]

[illegible]

3. Gattung. [illegible]

[illegible]

[illegible]

4. Gattung. [illegible]

[illegible]

[illegible]

5. Gattung. [illegible]

[illegible]

[illegible]

[illegible]

3. Familie.

[illegible] (*[illegible]*).

[illegible]

1. Gattung. [illegible]

[illegible]

2. Gattung. [illegible]

[illegible]

4. Familie.

[illegible]

[illegible]

1. Gattung. [illegible]

[illegible]

2. Gattung. [illegible]

[illegible]

3. Gattung. [illegible]

[illegible]

5. Familie.

[illegible]

[illegible]

1. Gattung. [illegible]

[illegible]

[illegible]

13. Familie.

Hasen (*Leporina*).

[illegible]

1. Gattung: Hase (*Lepus*).

[illegible]

[illegible]

[illegible]

[illegible]

[illegible]

[illegible]

[illegible]

2. Gattung: [illegible]

[illegible]

[illegible]

Sechste Ordnung.

Zahnarme Thiere (*Edentata*).

[illegible]

1. Familie.

Faulthiere (*Bradypoda*).

[illegible]

1. Gattung: Faulthiere (*Bradypus*).

[illegible]

[illegible]

[illegible]

[illegible] Familie

Schuppenthiere ([illegible])

[illegible]

[illegible]

[illegible]

[illegible] Familie

[illegible]

[illegible]

[illegible]

[illegible]

II. Hufthiere (Ungulata)

[illegible]

Siebente Ordnung

Vielhufer oder Dickhäuter ([illegible])

[illegible]

[illegible] Familie

Rüsselthiere oder Elephanten ([illegible])

[illegible]

[illegible]

[illegible]

[illegible]

2. Familie.

Plumpe Thiere (Obesa).

[illegible]

1. Gattung. Nashorn (Rhinoceros).

[illegible]

2. Gattung. Flusspferd (Hippopotamus).

[illegible]

3. Gattung. Tapir ([illegible]).

[illegible]

[illegible]

Der gemeine Tapir [illegible]

Der zweifarbige oder indische Tapir [illegible]

3. Familie.

[illegible] oder Klippschliefer ([illegible]).

[illegible]

1. Gattung. Klippschliefer (Hyrax).

[illegible]

Der [illegible] Klippschliefer [illegible]

4. Familie.

[illegible] oder [illegible] ([illegible])

[illegible]

1. Gattung. [illegible]

[illegible]

Der gemeine oder [illegible] [illegible]

Das [illegible] [illegible]

α) [illegible]

β) Das [illegible] [illegible]

Das [illegible] [illegible]

[illegible]

3. Gattung. Tigerpferd (Hippotigris).

[illegible]

Zweite Ordnung.

Zweihufer (Bisulca) oder Wiederkäuer (Ruminantia).

[illegible]

1. Familie.

Kameele (Cameli).

[illegible]

1. Gattung. Kameel (Camelus).

[illegible]

44

[illegible]

2. Gattung: [illegible] (Tarandus).

[illegible]

[illegible]

3. Gattung: Damhirsch (Dama).

[illegible]

Der gemeine Damhirsch (Dama platyceros) [illegible]

[illegible]

4. Gattung: Hirsch (Cervus).

[illegible]

[illegible]

5. Gattung: [illegible]

[illegible]

[illegible]

6. Gattung: [illegible]

[illegible]

[illegible]

[illegible]

Antilopen (Antilope)

[illegible]

1. Gattung: [illegible]

[illegible]

2. Gattung: [illegible]

[illegible]

3. Gattung: [illegible]

[illegible]

4. Gattung: [illegible]

[illegible]

5. Gattung: [illegible]

[illegible]

6. Gattung: [illegible]

[illegible]

[illegible]

13. Gattung: [illegible]

[illegible]

[illegible]

14. Gattung: [illegible]

[illegible]

[illegible]

6. Familie.

[illegible]

[illegible]

1. Gattung: [illegible]

[illegible]

[illegible]

[illegible]

[illegible]

2. Gattung: [illegible]

[illegible]

[illegible]

[illegible]

[illegible]

[illegible]

[illegible]

[illegible]

[illegible]

[illegible]

[illegible]

[illegible]

III. Seesäugethiere (Flossensäugethiere.)

(Pinnata.)

[illegible]

Erste Ordnung.

Ruderfüsser (Pinnipedia.)

[illegible]

1. Familie.

Robben oder Seehunde (Phocina.)

[illegible]

1. Gattung. Ohrenrobbe (Arctocephalus.)

[illegible]

[illegible]

[illegible]

[illegible]

[illegible]

Elfte Ordnung.

Sirenen oder Seekühe (Sirenia).

[illegible]

1. Familie.

Lamantine (Manati).

[illegible]

1. Gattung. Dugong (Halicore).

[illegible]

[illegible]

2. Gattung. Lamantin (Manatus).

[illegible]

[illegible]

2. Familie.

Borkenthiere (Rhytina).

[illegible]

1. Gattung. [illegible] (Rhytina).

[illegible]

[illegible]

Zwölfte Ordnung.

Walthiere oder Wale (Cetacea).

[illegible]

Die Haut fühlt sich ganz blühend. Unter der Haut eine mächtige Specklage. Die Narwalzähne ziehen ausgebildet. Der Thran lagert von ihrer Qualität hochwertig in den Walthran.

1. Familie.

Narwale (*Monodontes*).

Zahnlücke oder zahnlos, im Oberkiefer bei den Männchen zwei lange, gerade, gedrehte Stoszähne, von denen der rechte meist so verkümmert ist, dass er schon die Lippe durchbohrt. Der Speckreich ständen. Im oberkörper Dämmerung.

Der **gemeine Narwal** (*Monodon monoceros*) Fig. 235. In Färbung auf seiner Rückseite Delphinartig. Kopf verhältnismäszig, nach abgerundet, die Lippen, oder diese Schnauze ist von der glatten Stirn nicht gentrichalten. Die Augen sind an der Seite des Kopfs, wenig hinter der hinteren Rachenspalte.

[weitere Absätze unleserlich]

2. Familie.

Delphine (*Delphini*).

Ober- und Unterkiefer, oder nur der unteren mit Zähnen besetzt, die Zähl sehr zahlreich vorhanden. Das Spritzloch einfach, der Kopf klein, die Schnauze.

1. Gattung: **Schwein-Delphin** (*Delphinaptenus*).

Zähne gleichfalls, schließende gegen die Kanten und beide Seitenspitzen.

Der **echte Schwein-Delphin oder gemeine Delphin**. (*Delphinus phocaena*) Fig. 240. Die Zähne oben sehr zahlreich.

[unleserlich]

2. Gattung: **Gröss-Delphin** (*Globiocephalus*).

Durch den hohen Durchmesser des Schädels und die langen, spitzen Brustflossen von der vorigen verschieden.

Der **grüne Gröss-Delphin** (*Globiocephalus globiceps*) Fig. 241. Sein Kopf bis hoch und dick, der Leib plump und langgestreckt, in der mächtigen Hälfte der untersten Dorsalflosse.

[unleserlich]

3. Gattung: **Meerschweine** (*Phocaena*).

Der Rücken trägt eine hohe Rückenflosse, die Zähne in beiden Kiefern sind zahlreich und zusammengedrückt.

Der **gemeine Meerschwein oder der Braunfisch** (*Phocaena communis*) Fig. 242. Der Leib ist vorne dreikantig.

[unleserlich]

4. Gattung: **Delphin** (*Delphinus*).

Der Rücken trägt eine hohe Rückenflosse, die in beiden Kiefern sehr zahlreichen Zähne sind schlank und kegelförmig. Die Schnauze schnabel.

Der **gemeine Delphin** (*Delphinus delphis*) Fig. 242. Die Augen ziemlich eine Querspalte und durch eine Kieme verschiedene mehrende Erhebung von der Schnauze.

[unleserlich]

5. Gattung: **Schwarzwurm-Delphin** (*Orca*).

Durch die sehr zahlreichen, einen starken, gerundeten Körper, von denen die Rückenflosse an ihrem Grunde eine Traglänge haben und die sehr starken Brustflossen.

Der **amerikanische Schwarzwurm oder Schwert-Delphin** (*Orca americana*) Fig. 243. Schwarzblau nach, Kehle kurz türkis.

[illegible]

3. Familie.

Pottwale (Physeteridae)

[illegible]

4. Familie.

Bartenwale (Balaenidae)

[illegible]

II. Klasse.

Vögel (Aves)

[illegible]

Erste Ordnung.

Papageivögel (Psittacei).

1. Familie.

Arara's (Arara.)

[illegible]

Der grosse rothe Ara. (Ara macao.) Fig. 1. [illegible]

2. Familie.

Erdpapageien (Pezopori.)

[illegible]

[illegible]

3. Familie.

Parkit's (Platycerci.)

[illegible]

[illegible]

[illegible]

[illegible]

4. Familie.

Lori's (Lorii.)

[illegible]

[illegible]

5. Familie.

Papageien (Psittaci.)

[illegible]

[illegible]

[illegible]

[illegible]

[illegible]

I. Familie.

[illegible] (Cuculus.)

[illegible]

Zweite Ordnung.

Tag-Raubvögel (Raptatores.)

[illegible]

I. Familie.

Aasgeier (Cathartes.)

[illegible]

1. Familie.

[illegible] ([illegible])

[illegible]

[illegible] Familie.

[illegible] ([illegible])

[illegible]

[illegible] Familie.

[illegible] ([illegible])

[illegible]

[illegible] Familie.

[illegible] ([illegible])

[illegible]

6. Familie.

Caracara's (Polyborus)

[illegible]

7. Familie.

Adler (Aquilae).

[illegible]

8. Familie.

Milane (Milvi).

[illegible]

9. Familie.

Falken (Falcones).

[illegible]

[illegible]

[illegible] Familie.

[illegible]

[illegible]

[illegible]

[illegible]

[illegible] Familie.

[illegible]

[illegible]

[illegible]

[illegible]

13. Familie.

Weihen (Circus).

[illegible]

[illegible]

Dritte Ordnung.

Nacht-Raubvögel (Nocturnae).

[illegible]

1. Familie.

Sperber-Eulen (Surnia).

[illegible]

[illegible]

[illegible]

[illegible]

[illegible]

[illegible] Familie

[illegible]

[illegible]

[illegible]

[illegible] Familie.

[illegible]

[illegible]

[illegible]

[illegible]

[illegible] Familie

[illegible]

[illegible]

[illegible]

Vierte Ordnung.

Klettervögel (Scansores).

[illegible]

1. Familie.

[illegible] oder [illegible]

[illegible]

[illegible]

[illegible]

[illegible]

[illegible]

2. Gattung: [illegible]

[illegible]

3. Gattung: [illegible]

[illegible]

4. Gattung: [illegible] (Picoides).

[illegible]

5. Gattung: [illegible]

[illegible]

6. Gattung: [illegible]

[illegible]

7. Gattung: [illegible]

[illegible]

8. Gattung. Wendehals (Yunx).

[illegible]

Fünfte Ordnung.

Schreivögel (Clamatores).

[illegible]

[illegible]

[illegible] (Bucerotes)

[illegible]

[illegible] Familie.

Krabbenfänger (Halcyones)

[illegible]

[illegible] Familie.

Bienenfresser (Meropes)

[illegible]

4. Familie.

[illegible]

[illegible]

[illegible]

[illegible] Familie.

Klammervögel (Colii)

[illegible]

[illegible]

Sechste Ordnung.

Singvögel (Oscines)

[illegible]

A. Kegelschnäbler.

1. Familie.

Zahnschnäbel ([illegible])

[illegible]

[illegible]

2. Familie.

Kreuzschnäbel (Loxiae)

[illegible]

[illegible]

[illegible]

3. Familie.

Gimpel (Pyrrhulae)

[illegible]

Der gemeine Gimpel [illegible]

4. Familie.

Lerchen (Alaudae)

[illegible]

[illegible]

[illegible]

5. Familie.

Ammern (Emberizae.)

Schnabel kurz, kegelförmig mit stark eingezogenen Rändern, [illegible] in ganz Europa, einem [illegible] Theile von Asien, Afrika und Amerika.

[illegible]

6. Familie.

Finken (Fringillae.)

[illegible]

7. Familie.

Kernbeisser (Coccothraustae.)

[illegible]

[illegible]

8. Familie.

Webervögel (Ploceidae).

[illegible]

9. Familie.

Tanagra's (Tanagridae).

[illegible]

10. Familie.

Meisen. (Pari.)

[illegible]

II. Hakenschnäbler.

[illegible]

K. Dünnschnäbler (Tenuirostres).

[illegible]

[illegible]

Achte Ordnung.

Hühner (Gallinae).

[illegible]

1. Familie.

Jakuhühner (Penelopidae).

[illegible]

2. Familie.

Fasanen (Phasianidae).

[illegible]

[illegible]

[illegible]

[illegible]

[illegible]

[illegible]

[illegible]

[illegible]

[illegible]

[illegible]

[illegible]

[illegible]

Neunte Ordnung.

Laufvögel (Cursores).

[illegible]

1. Familie

Strausse (Struthionidae).

[illegible]

[illegible]

[illegible]

[illegible]

[illegible]

2. Familie.

[illegible]

[illegible]

[illegible]

Sechste Ordnung.

Sumpfvögel (Grallae).

[illegible]

1. Familie.

[illegible]

2. Familie.

[illegible]

[illegible]

Elfte Ordnung.

Schwimmvögel (Natatores).

[illegible]

1. Familie.

Enten (Anatidae).

[illegible]

[illegible]

2. Familie.

Möven (Laridae).

[illegible]

3. Familie.

Sturmvögel (Procellaridae).

[illegible]

4. Familie.

Ruderfüßer (Pelecanidae).

[illegible]

[illegible]

[illegible]

[illegible]

[illegible]

[illegible]

[illegible]

[illegible] Familie.

Taucher (Colymbidae.)

[illegible]

[illegible]

[illegible]

[illegible]

[illegible] Familie.

Alken (Alcidae.)

[illegible]

[illegible]

[illegible]

[illegible]

[illegible]

[illegible]

[illegible]

[illegible]

[illegible]

Dritte Ordnung

Schildkröten (Chelonii).

[illegible]

1. Familie

Landschildkröten (Chersinae).

[illegible]

[illegible]

[illegible] Familie.

Sumpfschildkröten (Emydae.)

[illegible]

[illegible] Familie.

Meerschildkröten (Chelonia.)

[illegible]

[illegible]

[illegible]

[illegible]

[illegible]

[illegible]

Vierte Ordnung.

[illegible] (Batrachia anura).

[illegible]

1. Familie.

Frösche (Ranae).

[illegible]

[illegible]

[illegible]

[illegible]

[illegible]

[illegible]

[illegible]

[illegible]

[illegible]

[illegible]

[illegible] und [illegible] Flecken.

2. Familie.

Kröten (Bufones).

[illegible]

[illegible]

Fünfte Ordnung.

Geschwänzte Lurche (*Batrachia urodela*).

[illegible]

[illegible]

1. Familie.

Eigentliche Molche (Salamandrina).

[illegible]

[illegible]

[illegible]

[illegible]

[illegible]

[illegible]

[illegible]

[illegible]

[illegible]

[illegible]

[illegible]

[illegible]

[illegible]

[illegible]

[illegible]

[illegible]

2. Familie.

Blindwühle (Gymnophiona).

[illegible]

[illegible]

[illegible]

[illegible]

3. Familie.

[illegible]

[illegible]

[illegible]

[illegible]

[illegible]

IV. Klasse.

Fische (Pisces).

A. Knochenfische. (Teleostei.)

Erste Ordnung.

Stachelflosser (Acanthopteri).

1. Familie.

[illegible]

[illegible]

[illegible]

[illegible]

[illegible]

[illegible]

[illegible]

[illegible]

[illegible]

3. Familie

Brassen (*Sparoidei*)

[illegible]

[illegible]

[illegible]

[illegible]

4. Familie

Umberfische (*Sciaenoidei*)

[illegible]

[illegible]

[illegible]

[illegible]

[illegible]

5. Familie

Labyrinthfische (*Labyrinthici*)

[illegible]

[illegible]

[illegible]

[illegible]

[illegible]

11. Familie.

Artfische ([illegible])

[illegible]

11. Familie.

Lederfische ([illegible])

[illegible]

11. Familie.

Lippfische (Labroiden)

[illegible]

[illegible]

[illegible]

14. Familie.

[illegible]

[illegible]

[illegible]

[illegible]

[illegible]

[illegible]

15. Familie.

[illegible]

[illegible]

[illegible]

[illegible]

[illegible]

[illegible]

[illegible]

[illegible]

Zweite Ordnung.

[illegible]

[illegible]

1. Familie.

[illegible]

[illegible]

[illegible]

[illegible]

[illegible]

[illegible]

2. Familie.

[illegible]

[illegible]

[illegible]

1. Familie.

[illegible]

Dritte Ordnung.

[illegible]

1. Familie.

[illegible]

1. Familie.

Welse (*Siluroidei*).

[illegible]

[illegible]

[illegible]

[illegible]

[illegible]

[illegible]

[illegible]

3. Familie

Karpfen (Cyprinoidei).

[illegible]

[illegible]

[illegible]

[illegible]

[illegible]

[illegible]

4. Familie

Characinen (Characini).

[illegible]

[illegible]

[illegible]

[illegible]

[illegible]

[illegible]

5. Familie.

Hechte (Esocini).

[illegible]

[illegible]

[illegible]

[illegible]

6. Familie.

Lachse (Salmones).

[illegible]

[illegible]

[illegible]

[illegible]

[illegible]

[illegible]

[illegible]

[illegible]

1. Familie.

Häringe (Clupeoidei).

[illegible]

[illegible]

[illegible]

[illegible]

[illegible]

[illegible]

[illegible]

Aale (Muraenoidei).

[illegible]

[illegible]

[illegible]

[illegible]

[illegible]

[illegible]

Vierte Ordnung.

[illegible]

[illegible]

1. Familie.

[illegible]

[illegible]

[illegible]

[illegible]

[illegible]

[illegible]

[illegible] Familie.

[illegible]

[illegible]

[illegible]

[illegible]

[illegible]

[illegible]

Fünfte Ordnung.

[illegible]

[illegible]

[illegible]

[illegible]

[illegible]

Sechste Ordnung.

[illegible]

[illegible]

[illegible]

[illegible]

Siebente Ordnung.

[illegible]

[illegible]

Familie

Achte Ordnung.

Neunte Ordnung.

[illegible] Brustflossen [illegible]

Der [illegible] (Fig. [illegible]) [illegible]

3. Familie.

Rochen (Rajacei)

Körper [illegible] und [illegible]

Der [illegible] (Fig. [illegible]) [illegible]

Der [illegible] (Fig. [illegible]) [illegible]

Der [illegible] (Fig. [illegible]) [illegible] lang [illegible]

Der [illegible] (Fig. [illegible]) [illegible]

Der [illegible] (Fig. [illegible]) [illegible]

Der [illegible] (Fig. [illegible]) [illegible] sind [illegible]

Zehnte Ordnung.

Chimaeren (Holocephali)

Körper [illegible] nur eine [illegible]; [illegible] Stachelflosse [illegible] Die [illegible]

Die [illegible] (Fig. [illegible]) [illegible] lang.

Die [illegible] (Fig. [illegible]) [illegible] lang.

Elfte Ordnung.

Rundmäuler (Cyclostomi)

[illegible]

Der große Lamprete oder Neunauge (Petromyzon [illegible]) Fig. [illegible] [illegible] Fig. [illegible]

Der kleinere Neunauge [illegible] (Fig. [illegible]) [illegible] lang.

Der [illegible] (Fig. [illegible]) [illegible]

BILDER-ATLAS

zur wissenschaftlich-populären

NATURGESCHICHTE DER SÄUGETHIERE

in ihren

SÄMMTLICHEN HAUPTFORMEN

von

Leop. Jos. Fitzinger.

WIEN.

AUS DER KAISERLICH-KÖNIGLICHEN HOF- UND STAATSDRUCKEREI.

1860.

Fig 3
Fig 5

Fig. 2. The Bearded Orang. Fem.   Simia Satyrus.   Fig. 3. The great Gibbon.   Hylobates lar. ?

Fig. 1

Fig. 2

Fig 6

Fig 7.

Fig 6. Ret tragereur. Colobus tragereur. Fig 7. Rot Rosar odor Peletuss Pengathrous Rosar

Fig. 1

Fig. 2

Fig. 1. Die Mona (Cercopithecus Mona.)
Fig. 2. Der Schweinsaffe (Macacus nemestrinus.)

Fig. A

Fig. B

Fig. A Der schwarze Bartaffe oder Maccacus   (Macacus niger)
Fig. B Der graue Maqui oder Arktische Affe   (Lemur macaco)

Fig. 1

Fig. 2

Fig. 1. the Bonne Femme des Naoroz   Cynocephalus porcarius   Fig. 2. Bergamin Madril   Plate V.

Fig. 4

Fig. 5

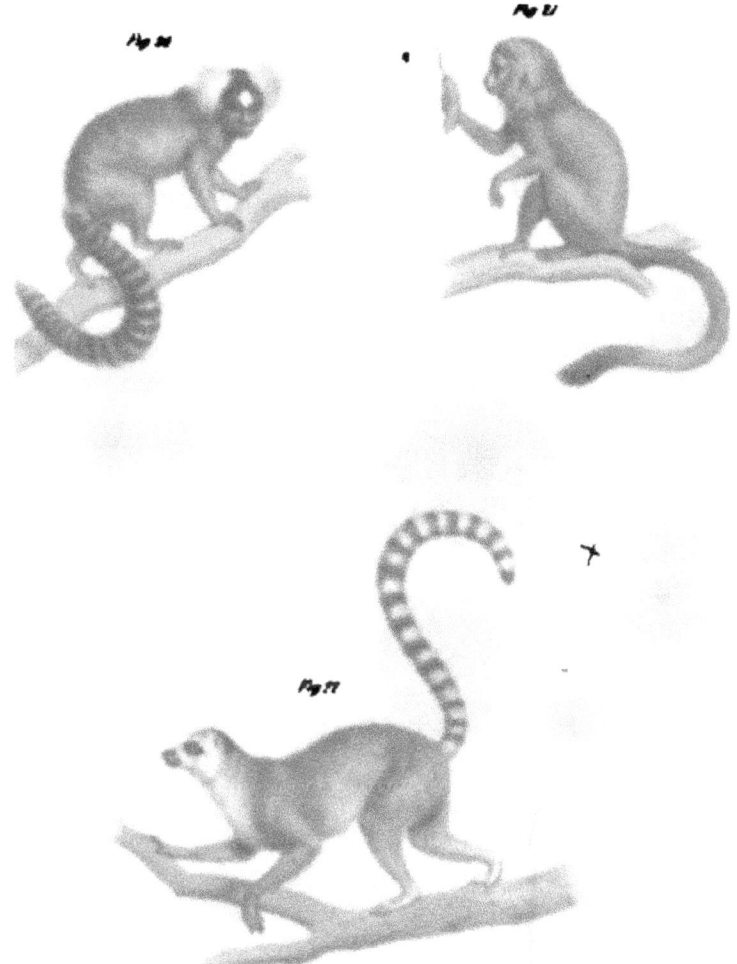

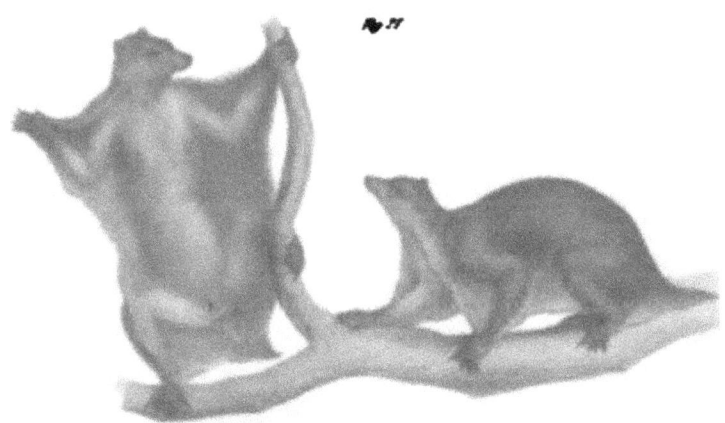

Fig. 14 Der Maholi oder grosser Galago   (Otolemur Galago)
Fig. 15 Der rothe Flattermaki   (Anisopterous rufus) (Ad.... ....

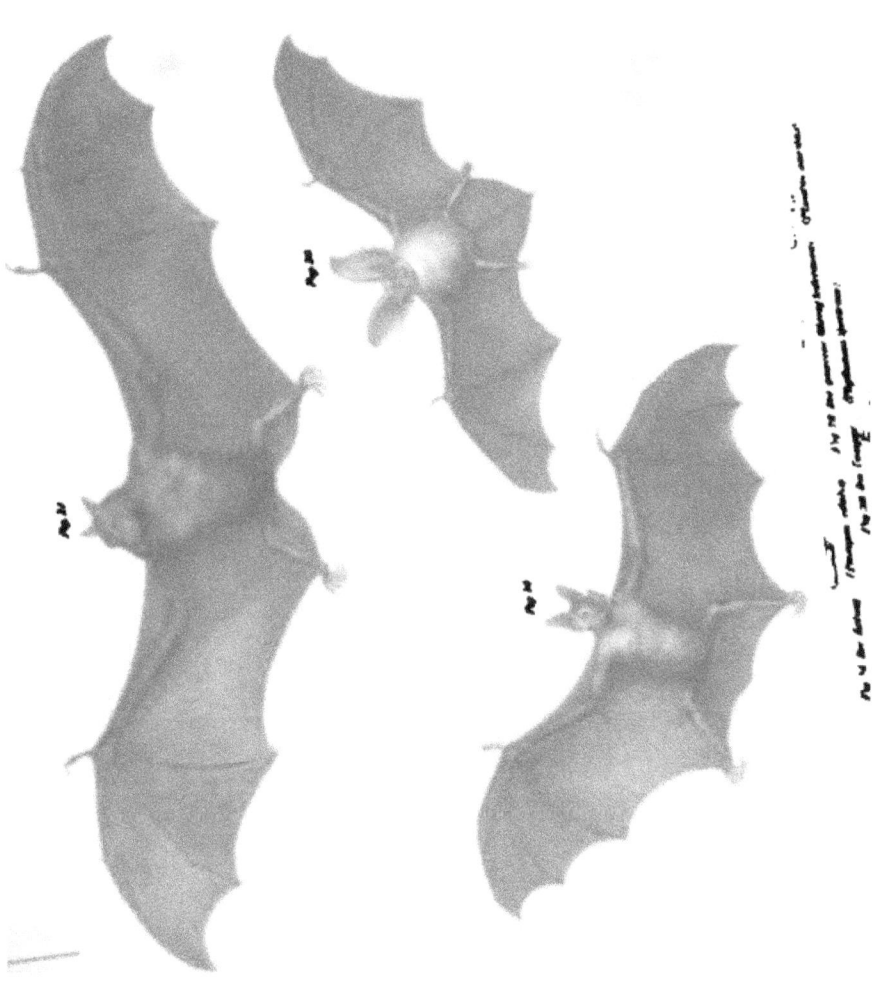

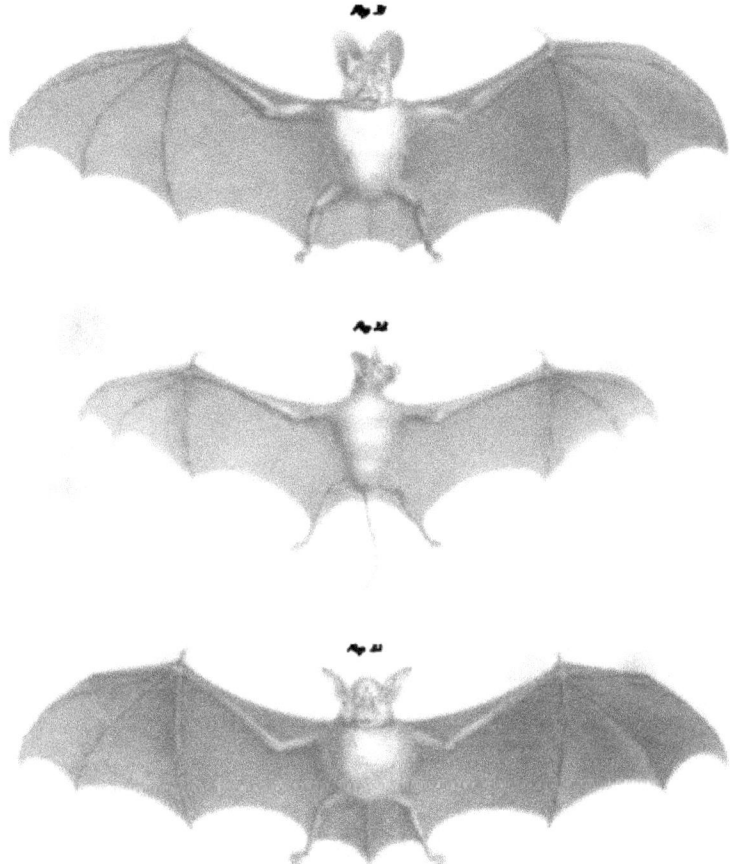

Fig 33.

Fig 34.

Fig 33. Der große Windhund (Canis grajus)

Fig 34. Der Bullenbeißer (Canis Molossus)

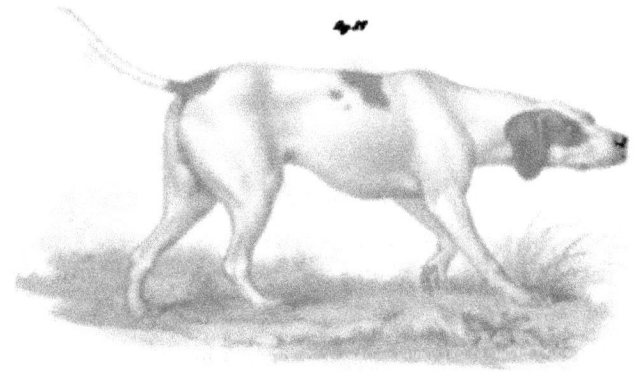

Fig. 3.

Fig. 4.

Fig 90

Fig 91

Fig 90. *Der grauwe* (Schackal)   (Canis aureus) 'A....l'
Fig 91. *Der unanner Fuchs*   (Vulpes vulgaris) '/....s,'

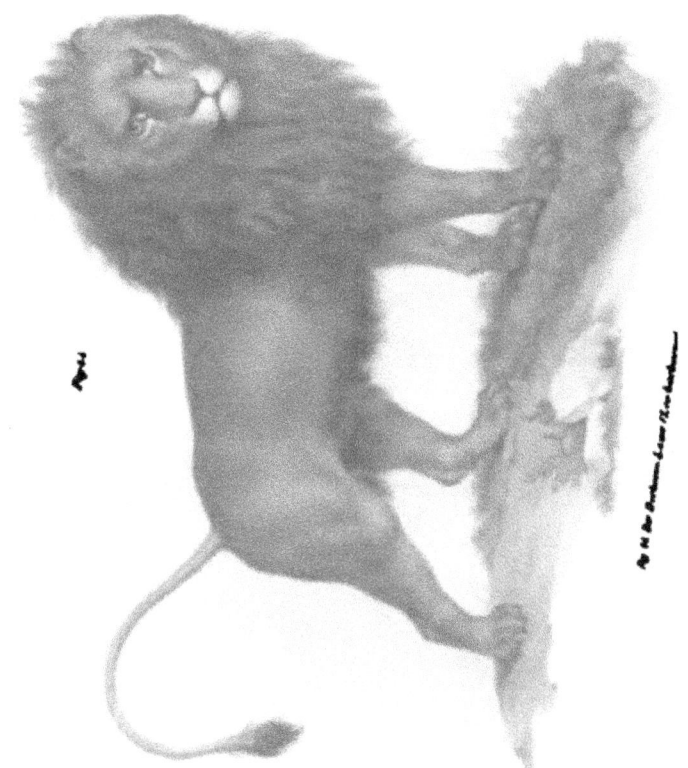

Fig. 94. Der Berberlöwe. Leo nr. 75. Der Rumpfansatz.

Fig 14. Der Barbaren - Löwe. (Leo barbarus)

Fig 52. Phalanger volans (Lemur volans) Waterhouse's Naturalist's Library.

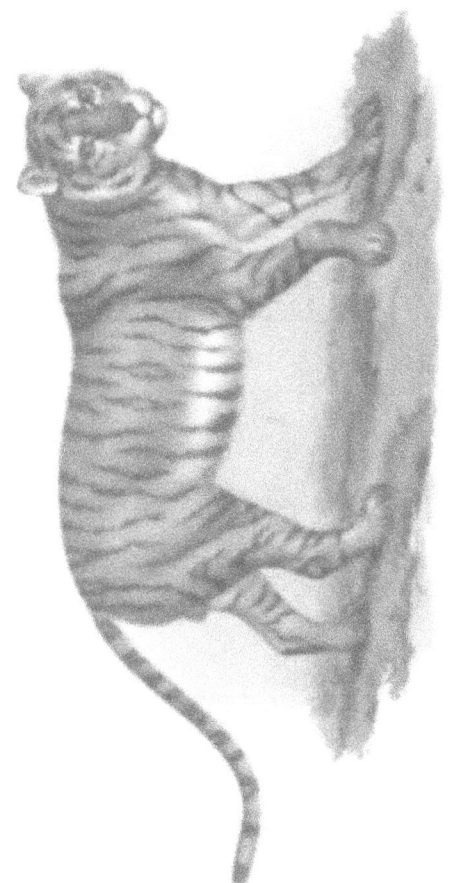

Fig. 1. The Tiger with young one. (Felis Tigris)

Fig 33

Fig 34

Fig. 33. Der Pardelkatze oder die Ocelot   ·Felis pardalis· (♂).
Fig. 34. Der Serval   (Felis Serval).

Fig. 2 Die Wildkatze oder die wilde Cas. (Felis Ferus)
Fig. 3 Die Hauskatze oder die rothe Kin. (Felis domestica)
a.b. Die spanische Katze (Felis domestica hispanica)
b.c. Die Kartheuserkatze (Felis domestica coeruleus)
c.d. Die Cyperkatze (Felis domestica concolor)

Fig. 34

Fig. 35

Fig. 34. *Der afrikanische Gepard oder Jagd-Leopard N'puntires galetiral* [...]
Fig. 35. *Der graues Luchs (Lynx vulgaris)* [...]

Fig. 33.

Fig. 34.

Fig. 33. Die Pardel- oder afrikanische Zibethkatze · · Viverra Civetta · · · · 4
Fig. 34. Die echte oder genuesische Zibethkatze · · · Viverra Zibetha ·

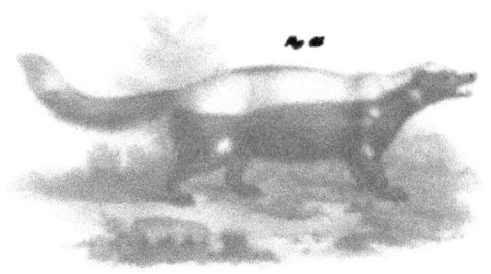

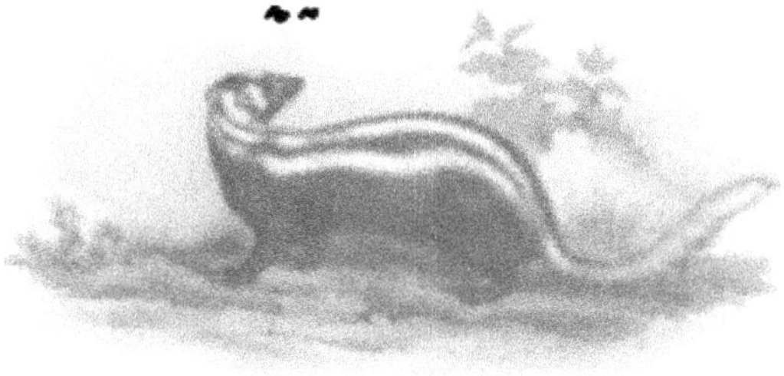

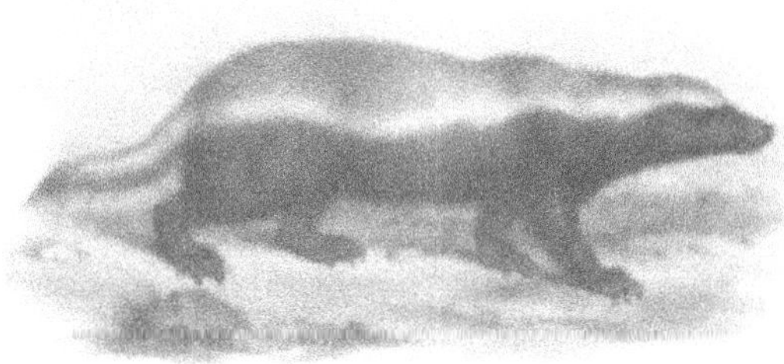

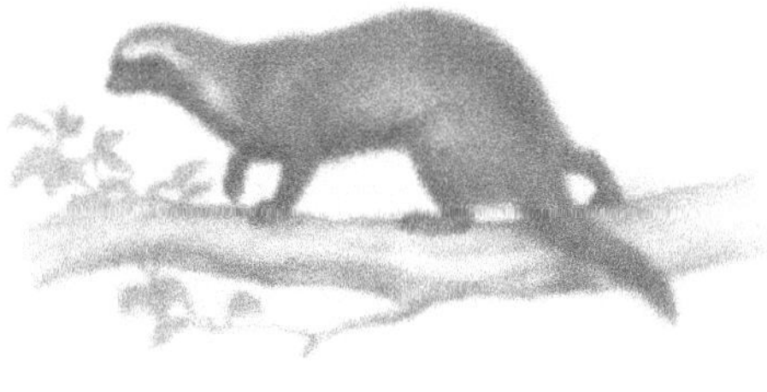

Fig 63

Fig 64

Fig 65

Fig. 63. Der Baum oder Edelmarder   Mustela ...
Fig. 64. Der gemeine Iltis   Mustela ...
Fig. 65. Das kleine Wiesel   Mustela vulgaris ...

Fig. 78. Ein grosser Ameisenbär (Tamandua tetradactyla)

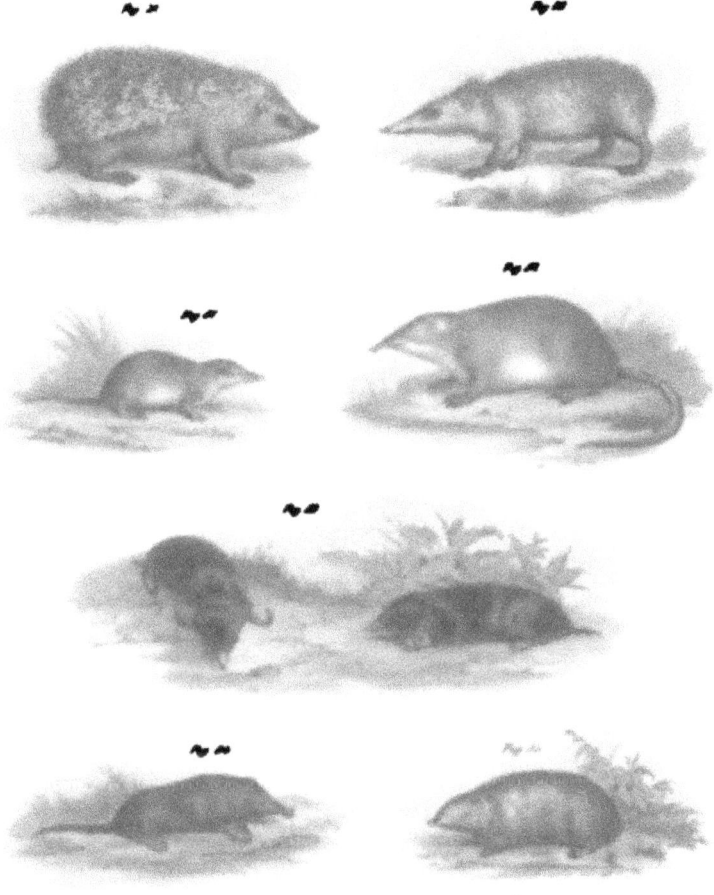

Fig. 18 Der gemeine Igel (Erinaceus europaeus). Fig. 19 Die Ratzel oder gemeine Spitzmaus (Sorex araneus).
Fig. 20 Der gemeine Spitzmaus (Sorex vulgaris). Fig. 21 Die Wasserspitzmaus oder die rothröthliche Wasser-Spitzmaus (Myogale moschata).
Fig. 22 Der gemeine Maulwurf (Talpa europaea). Fig. 23 Der gemeine Spitzmaulwurf (Chrysochloris moschata).
Fig. 24 Der gemeine Goldmaulwurf (Chrysochloris aurea).

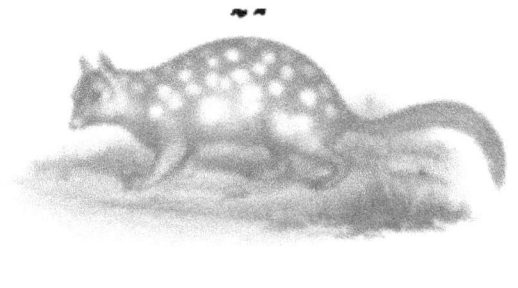

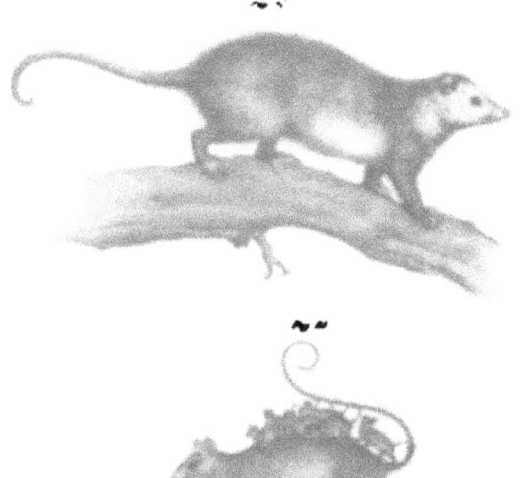

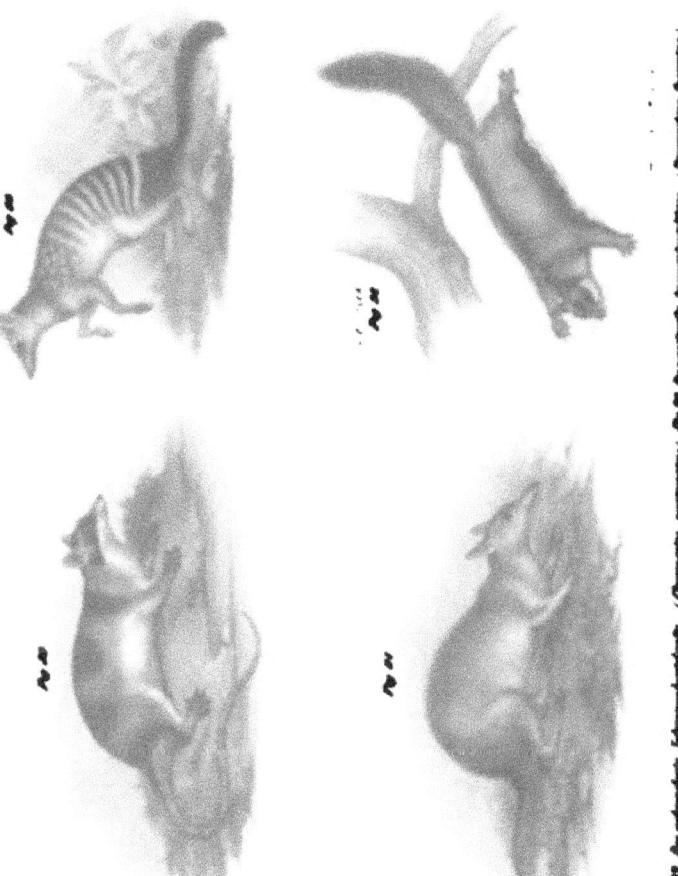

Fig. 22 Der pfauenähnliche Schnurrbartvogel (Pharomacrus mocinno) Fig. 23 Das fliegende Gleithörnchen (Sciuropterus volans)
Fig. 24 Der asiatische Baumschläfer oder Siebenschläfer (Dryomys nitedula) Fig. 25 Das nordamerikanische Flughörnchen (Glaucomys volans)

Fig 53.

Fig 54.

Fig 55.

Fig 53. Der Flink Flatterer (Phalangista volpina) ?.

Fig 54. Der graue Bär (Phascolarctos cinereus)

Fig 55. Der lang Pfote oder der kurzen Bär (Hypsiprymnus murinus)

Fig. 36

Fig. 37

Fig. 36. Une kang-o-rou... Macropus agilotis.
Fig. 37. Un grand bandicoot des arbres (Phascolarctos flindersi.

Fig 98. Der braune Kletterbeutler oder Kuskberwurmler (Phalanga roufus permustras) (Two-drittel natürl.)
Fig 99. Das grosse Flugbeuthiere oder der Taguan (Phalanga Petauroides)

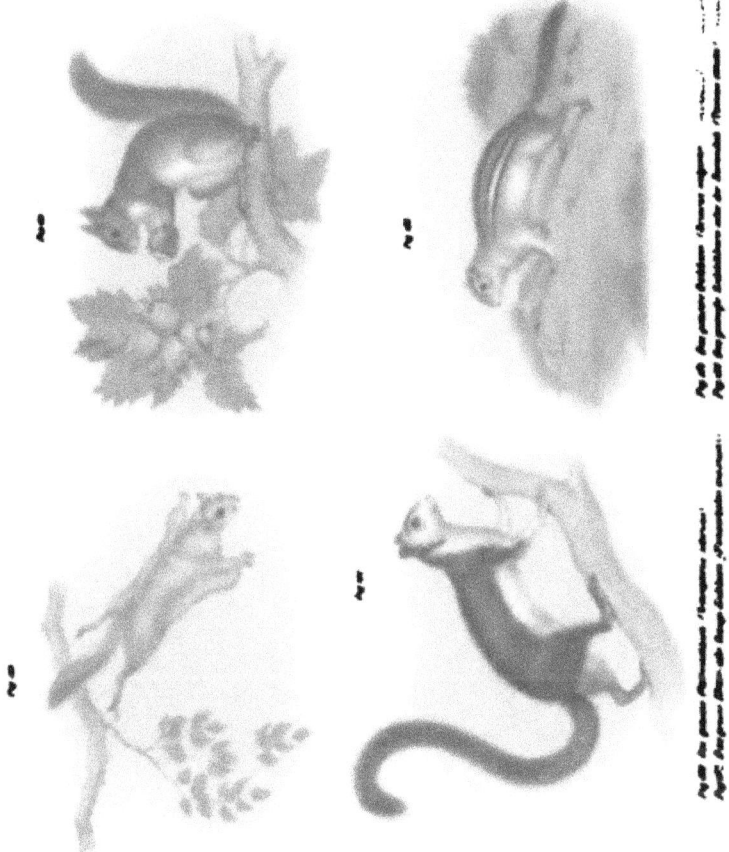

Fig. 86: Das graue Riesengleithörnchen (*Petaurista elegans*) ...
Fig. 86: Grands gleifères de race Laotin (*Petaurista elegans*) ...

Fig. 85: Das graue Gleithörnchen oder der Taraulin (*Petaurus sciureus*) ...
Fig. 85: Gris gleifères de race Taraulin (*Petaurus sciureus*) ...

Fig. 83: Der graue Pelzflieger (*Cynocephalus volans*) ...
Fig. 83: Le grand galéopithèque ou le Cynocéphale (*Cynocephalus volans*) ...

Fig. [illegible] Der gemeine oder Erd Ziesel (Spermophilus Citellus)

Fig. [illegible] Der leopardene Ziesel (Spermophilus [illegible])

Fig. [illegible] Das Alpen Murmelthier (Arctomys Marmota)

Fig. [illegible] Die [illegible] [illegible] (Arctomys [illegible])

Fig. [illegible] Der gemeine Strandmoll (Bathyergus maritimus)

Fig. [illegible] Der graue Blindmoll (Spalax Typhlus)

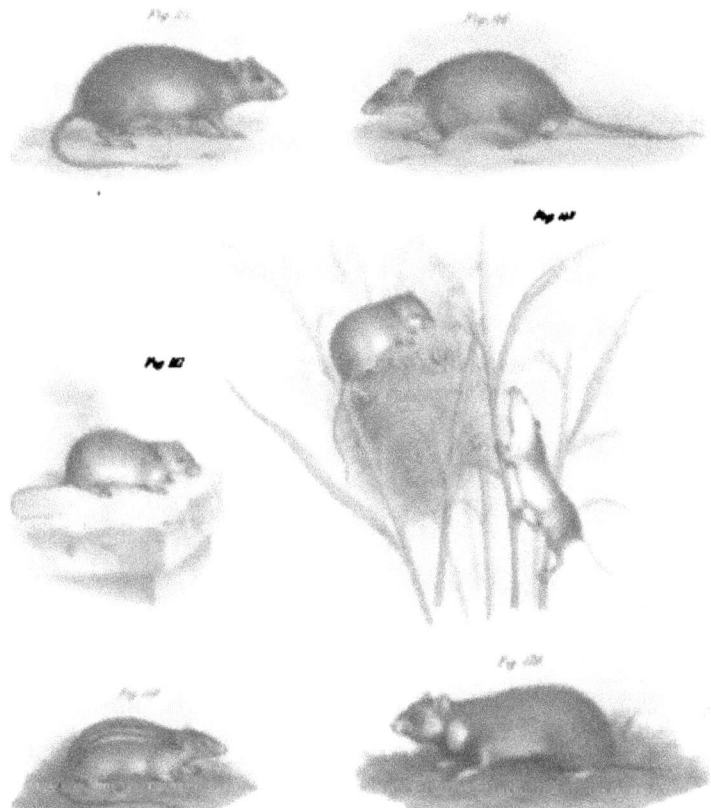

Fig. 84. Fig. 86.

Fig. 88.

Fig. 87.

Fig. 89.

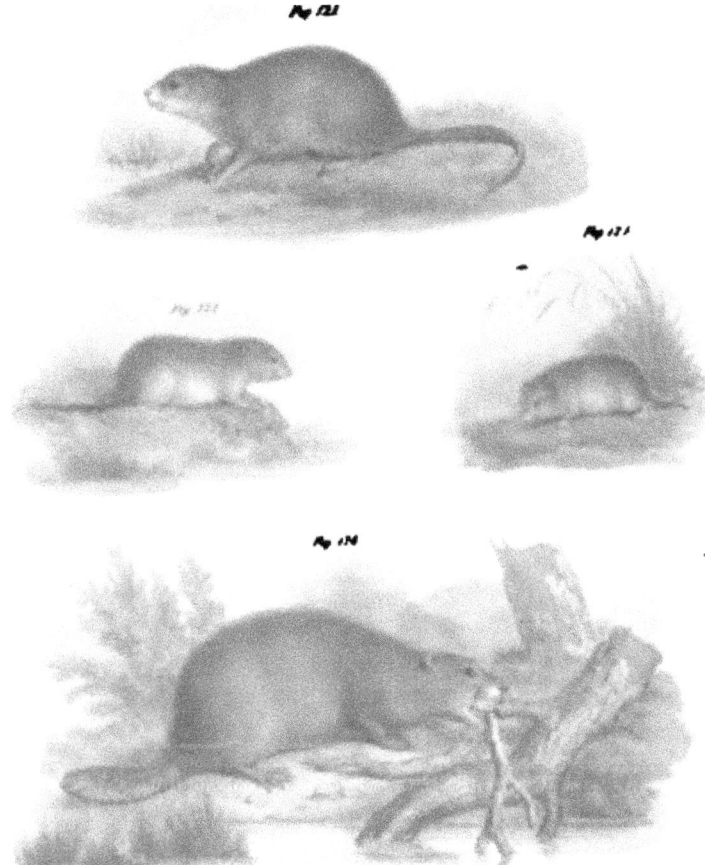

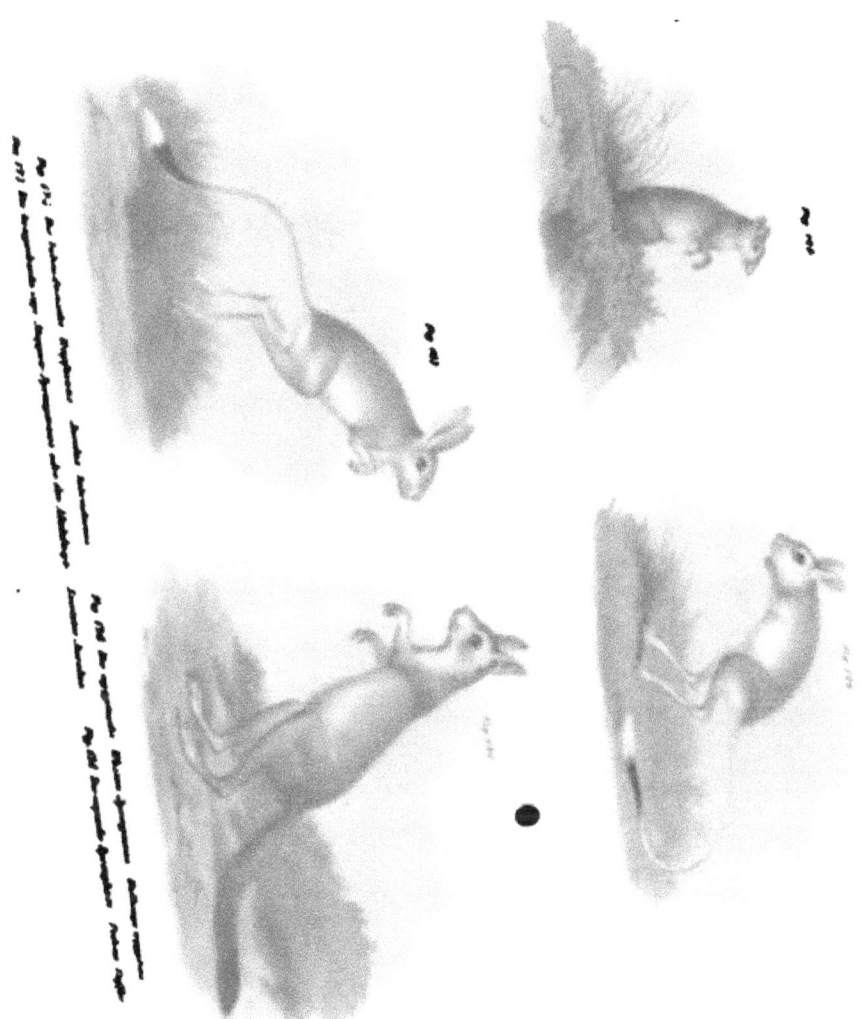

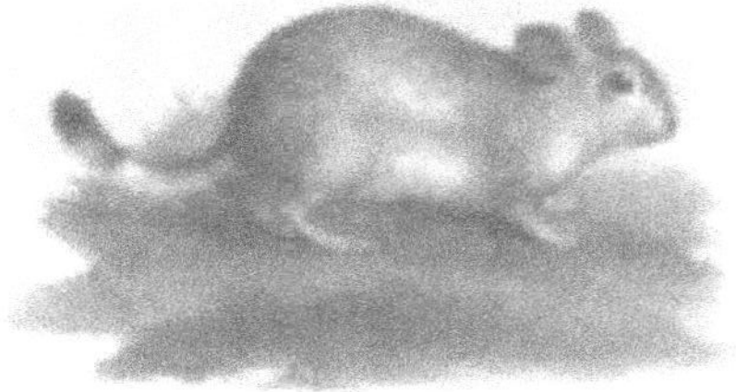

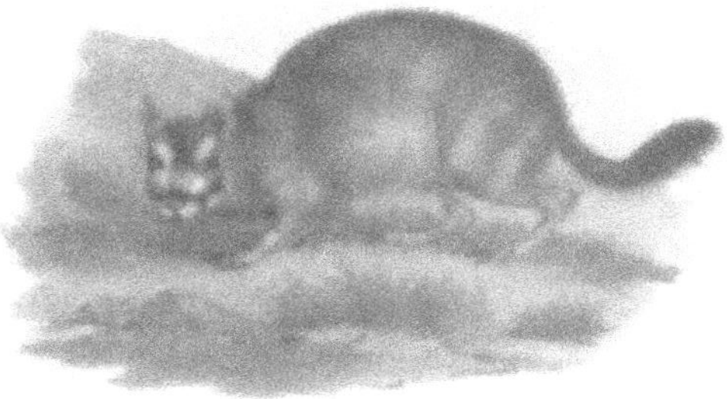

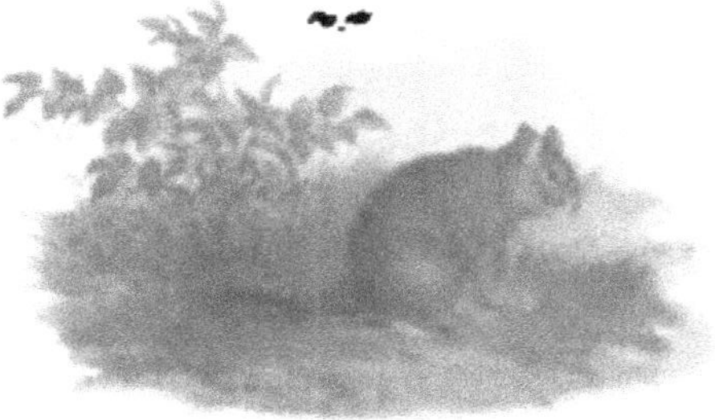

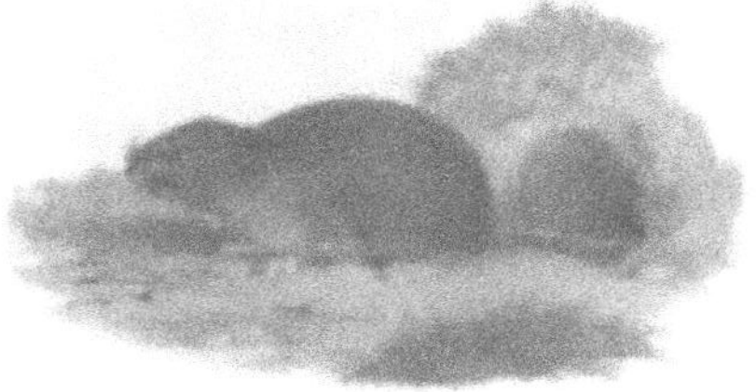

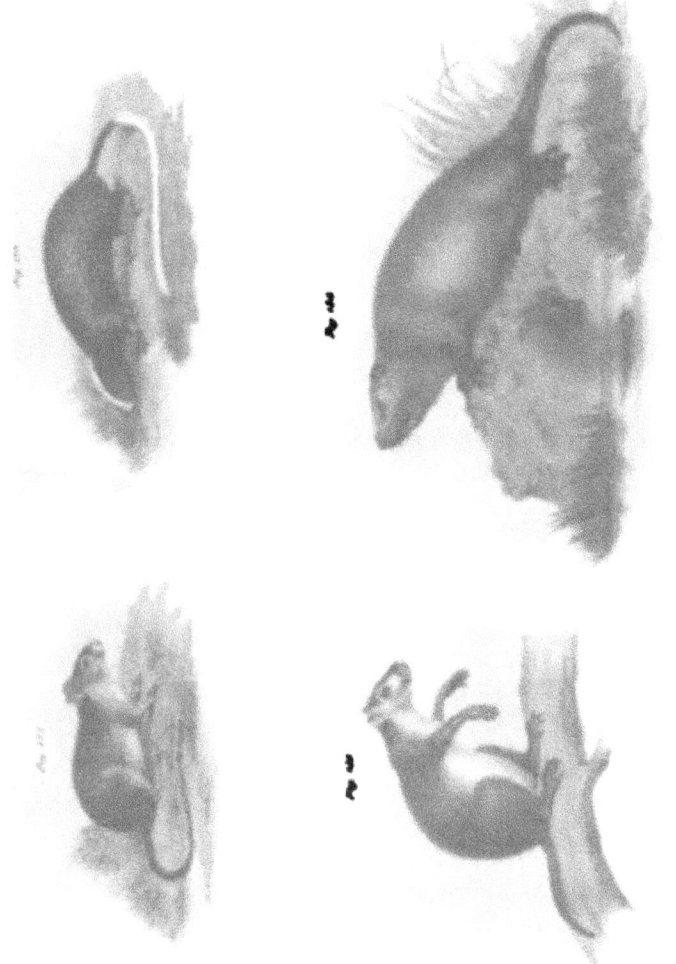

Fig 431. der großflüssenäugige Eichhörnchen.   Harlekins indischer   .
Fig 432. der gemeine Haselkatze oder Katze Cape   Cyperus Chinensis.

Fig 433. der großflüssenäugige Eichhörnchen.   gestreiften glatten
Fig 434. der großflüssenäugige Eichhörnchen oder Hase   Bignonia Tuga   ..

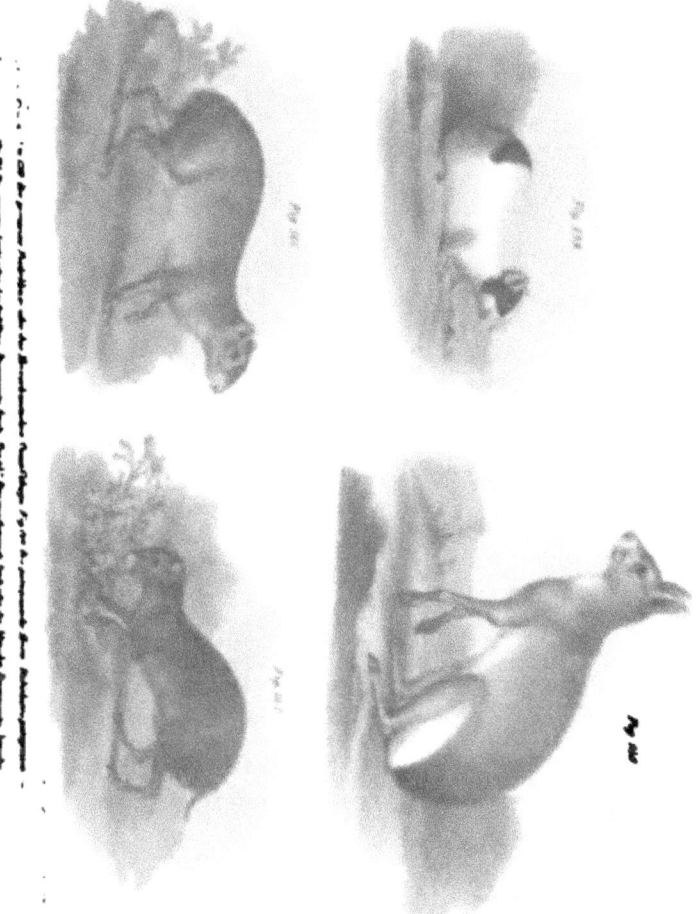

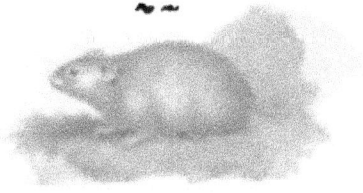

Fig. 149.

Fig. 150.

Fig. 151.

Fig. 149 Der Gürtel oder Igel. Armadillo Tatou. Brachyurus novemcinctus.

Fig. 150 Der kurzer Schwall oder dreigürtelige Gürteltier. Hysdroctus armadillo.

Fig. 151 Der schwache Borst Gürteltier. Chlamydophorus truncatus.

Fig. 1.? Das ungemeine Erdferkel.   Rhynchopus crassus   Rüpp.

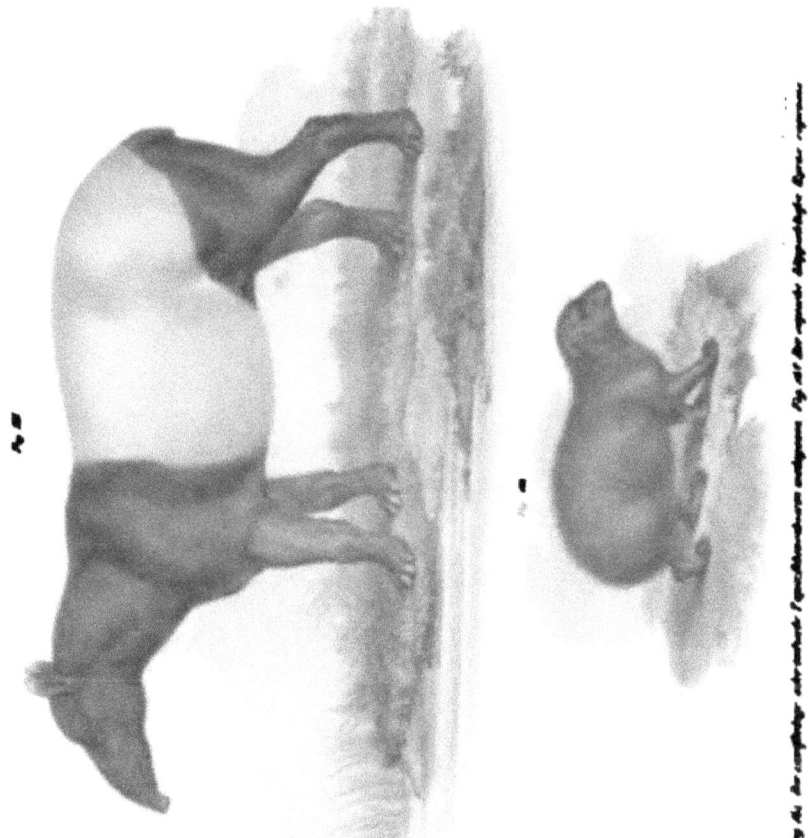

Fig. 34. Le morphage naturelle l'ypotheridium antique. Fig. 35. Le petit hipparidie l'anus espine.

Fig 221

Fig 222

Fig 221 Das schwer oder Hausschwein   Sus scrofa domestica
Fig 222.)   Der wallende Hirscheber oder Babyrussa   Porcus Babyrussa   Sc.

Fig. 473

Fig. 474

Fig. 473. Das schwarze Warzenschwein. Phacochoerus Africanus.
Fig. 474. Das amerikanische Bisamschwein oder der Pecari. Dicotyles.

æ Fasting.

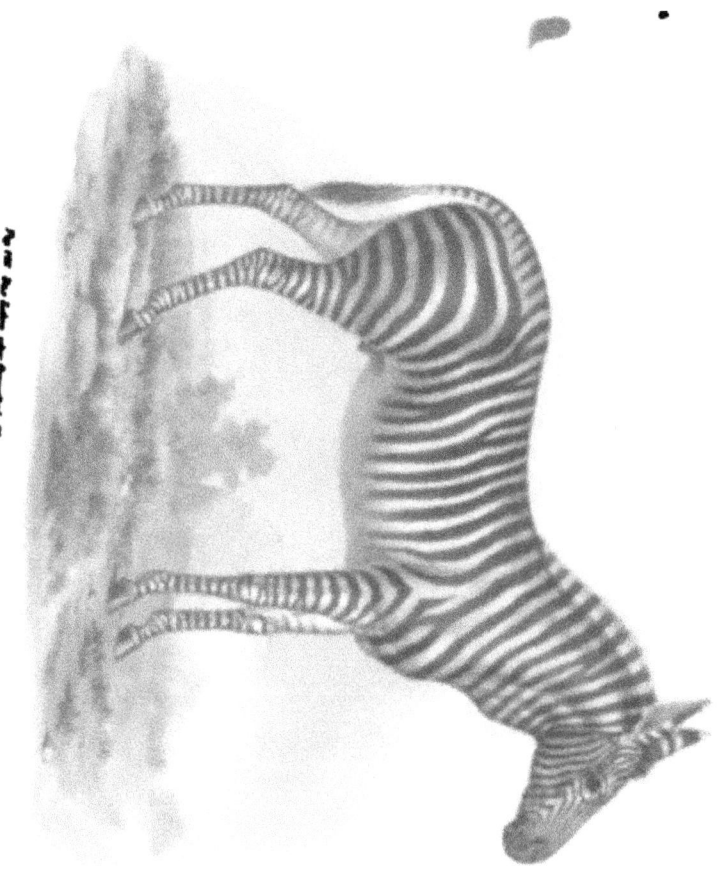

Fig. [illegible] Das Zebra oder Bergpferd (Hippotigris Zebra)

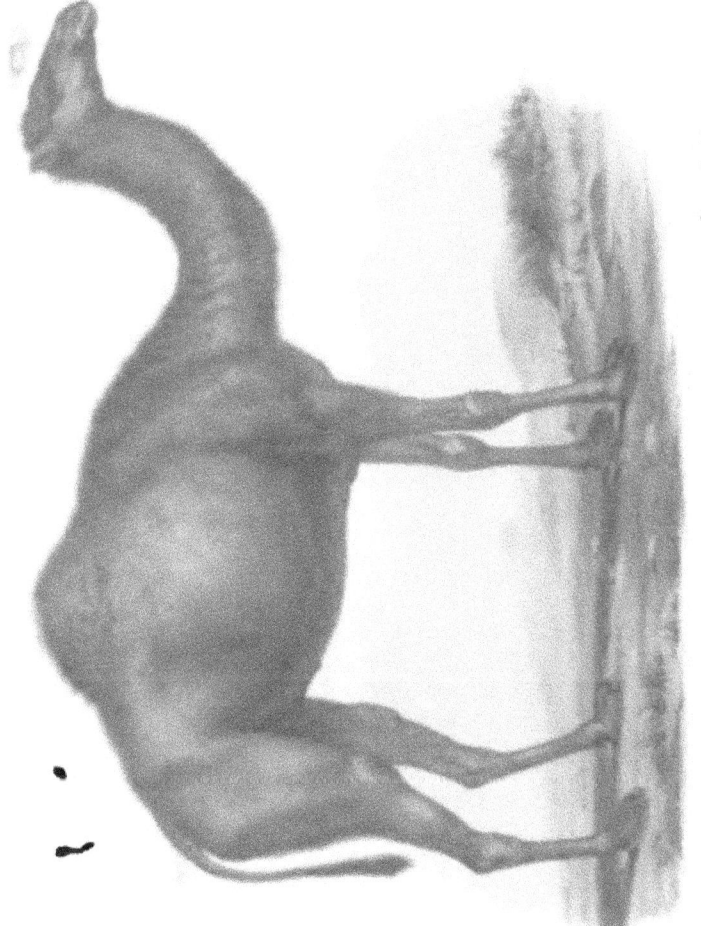

Fig. 114. Das rechtskräftige Dromedar (Camelus dromedarius).

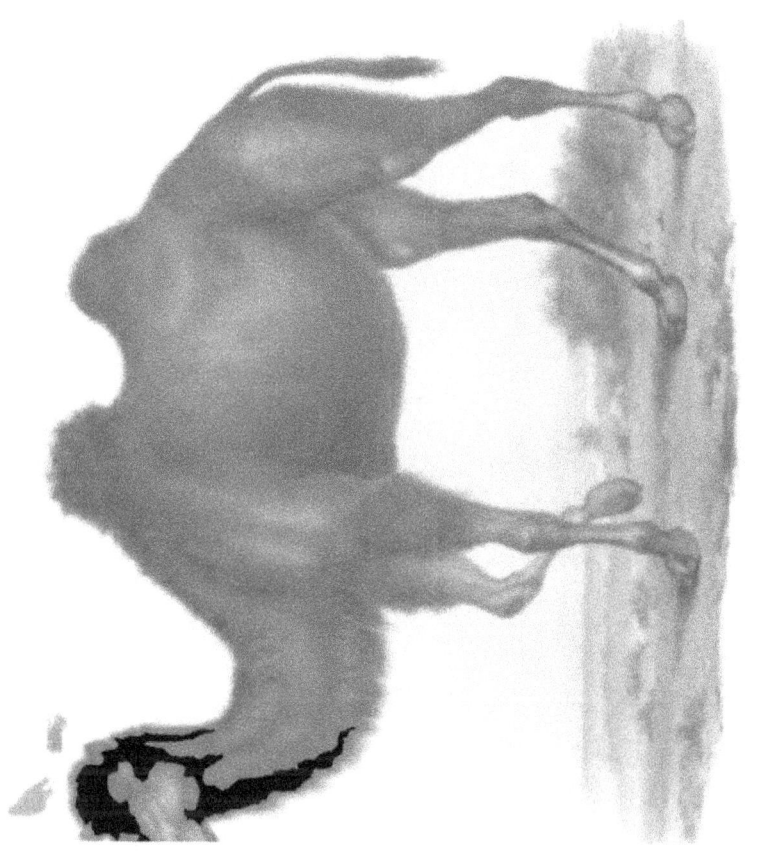

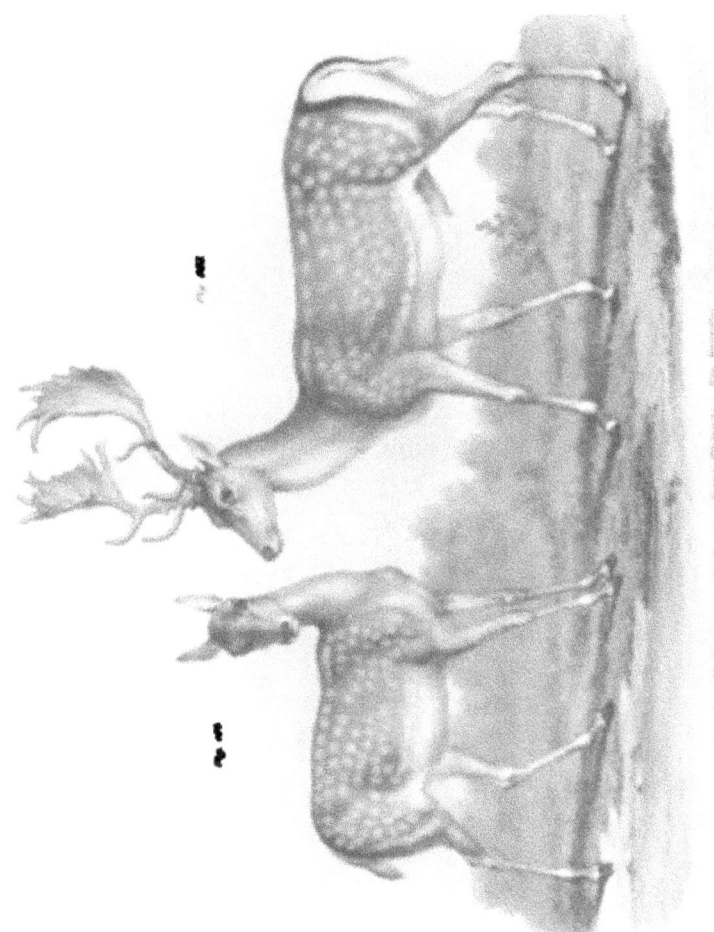

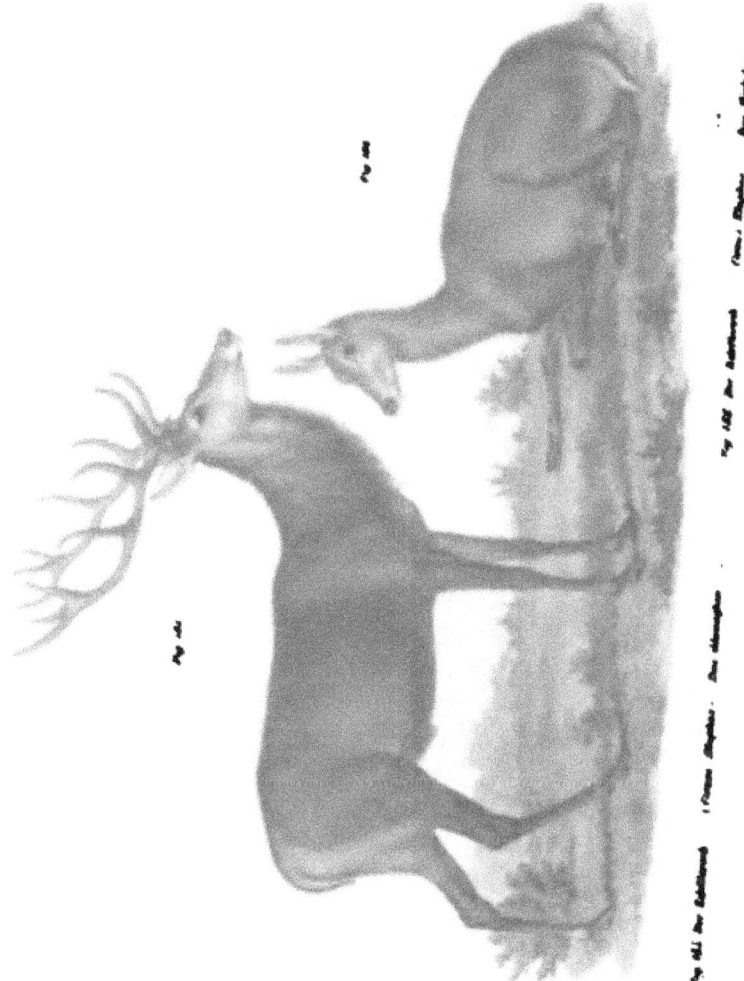

Fig. 145. Der Edelhirsch (Cervus Elaphus). Der Hirschgau.

Fig. 146. Der Edelhirsch (Cervus Elaphus). Das Kalbthier.

Fig 464 Die kleinere Sumpf-Ziege   Antilope ourebia-capensis

Fig 465 Die amerikanische Gazelle   Dama Americana

Fig. 454. Die gemeine Giraffe. Camelopardalis giraffa.

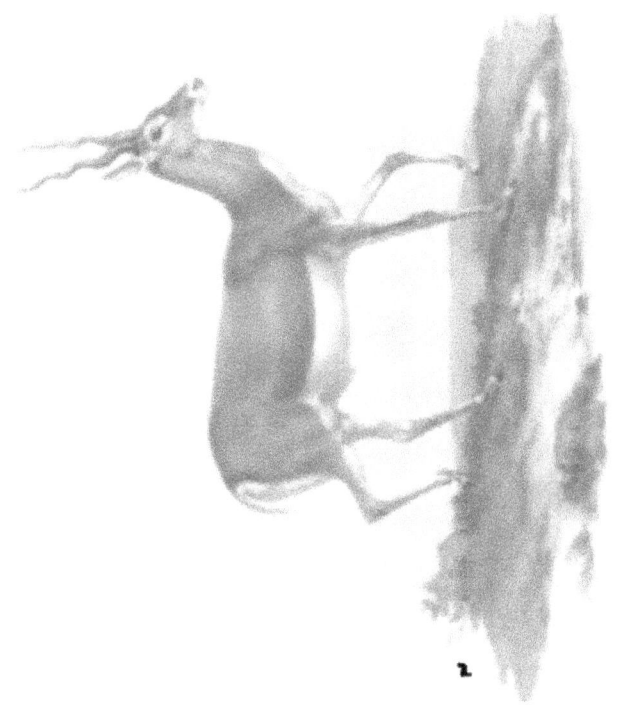

Fig. 25. Die Braune Pferdeantilope, Roßhirsch (*Hippotragus leucophaeus*)

Fig. 106

Fig. 107

Fig. 106. Die breit-hörnige Gazella hammoerera
Fig. 107. Die gemeine Gazelle Gazella Dorcas

Fig 151

Fig 152.

Fig 151 Die graue Ried Antilope aus der Südland. (Antona Aletiragus)

Fig 152 Die röthliche Zwerg Antilope. (Triplacerophes différent)

Fig. XXX

Fig. XXX

Fig. XXX. Die ungehörnte Pallah oder Antilope oder der Impofo (Aepyceros Impofo.) - Tragelaphus Imper.
Fig. XXX. Die gemeine Gemse (Capra Rupicapra Rupella.)

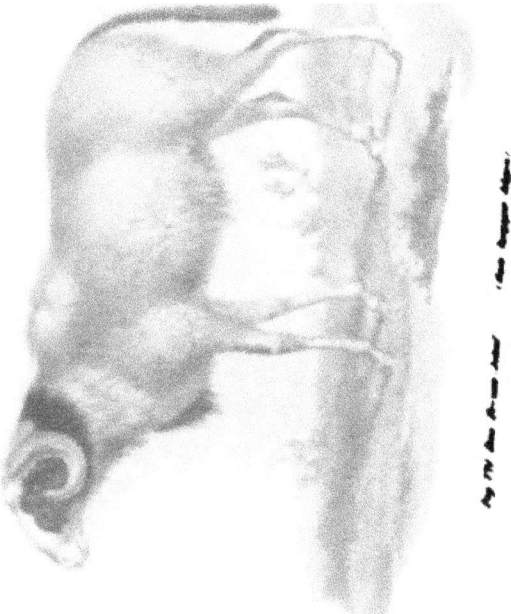

Fig. [illegible] Die capische Kuh-Antilope oder Hartebeest ([illegible])

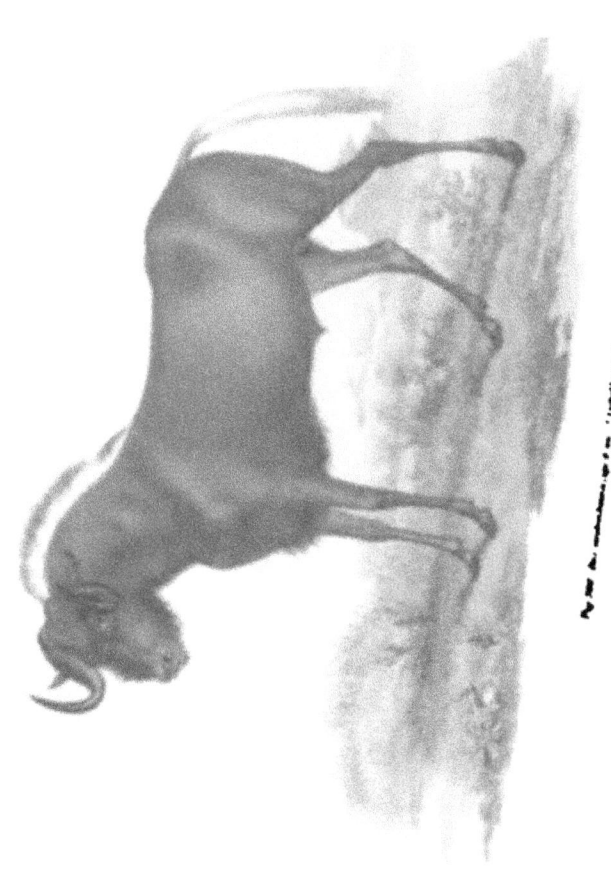

Fig. 244. Der Angorische Ziege. Bezoar Ziegenbock.
Fig. 245. Der afrikanische Ziege. Hornlose Ziegenracen.

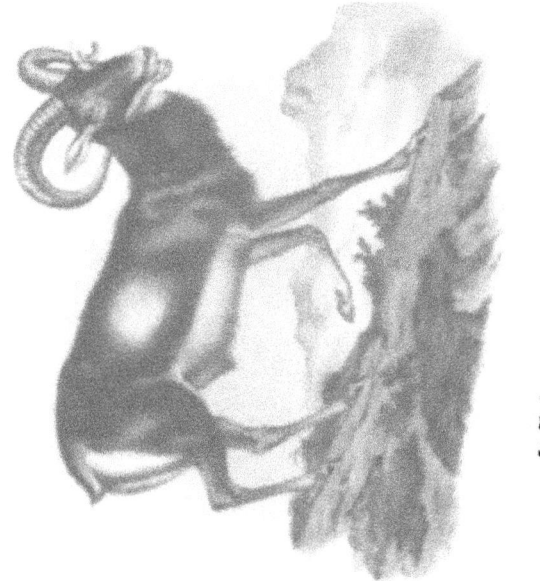

Fig. [illegible] Der gemeine Mufflon (Ovis Musimon).

Fig. 1.   Ovis Vignei . . . .
Fig. 2.   Ovis . . . .

Fig. 205

Fig. 206

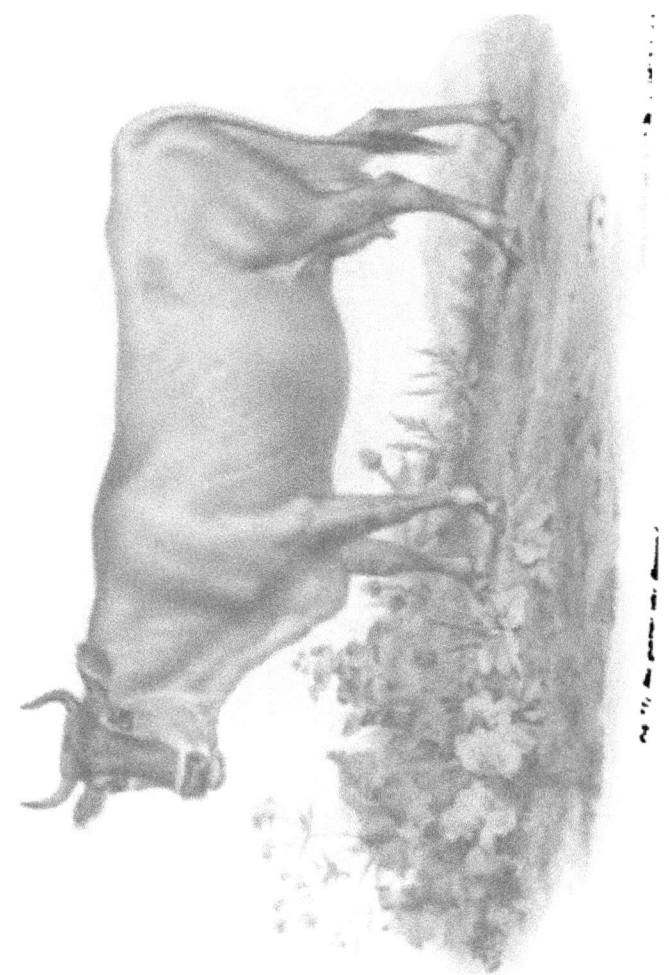

Fig 278 Der Seelöwe, Seerobbe oder der südliche Seebär (Arctocephalus lobatus).
Fig 279 Der gemeine Seewolf oder der südliche Seeelefant (Phoca jubata), 1/2 ...

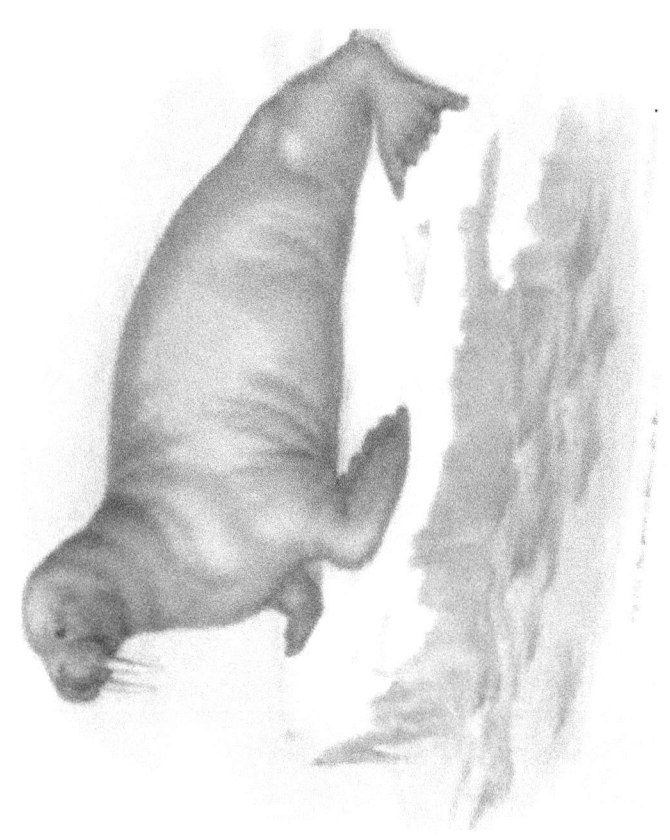

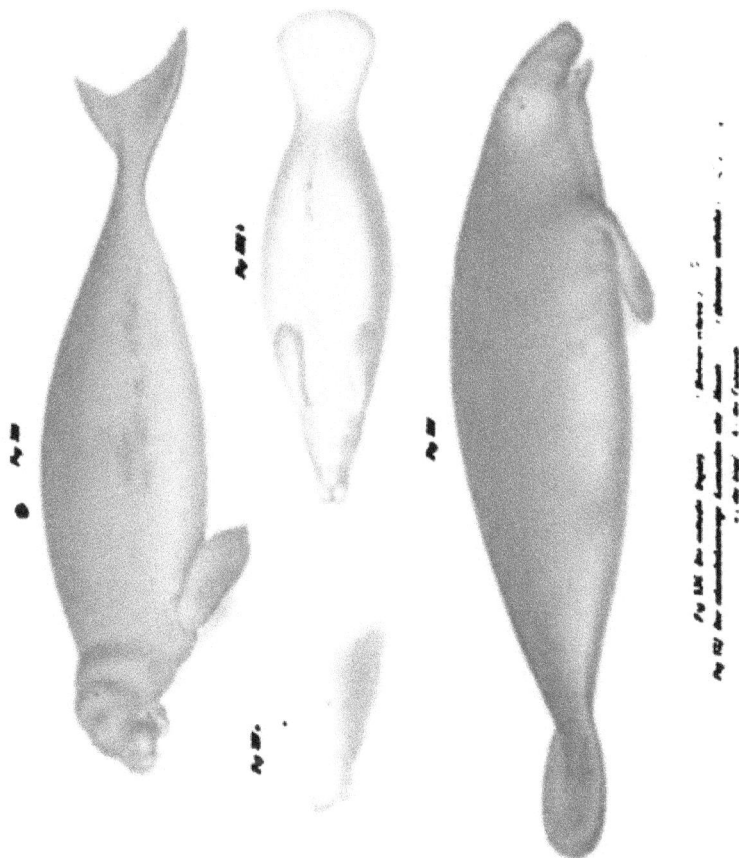

Fig. 325. Der narwhale Mysena ... (Balaena mysena) ...

Fig. 332. Der narwhale ... lunaires de ... (différentes méthodes ... ... de ... ... de l'animal

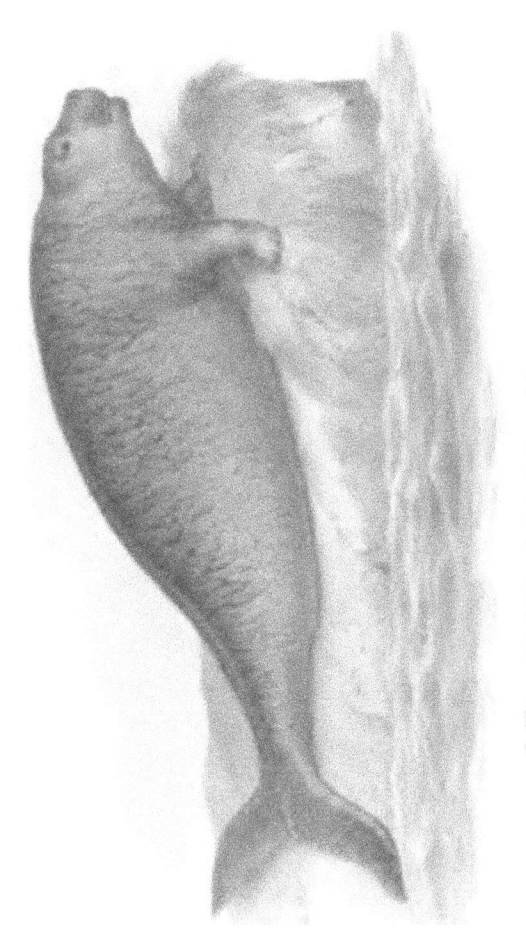

[illegible]

Gros Béhé du nord (7m. long. 4000 kil.) a disparu en 1760

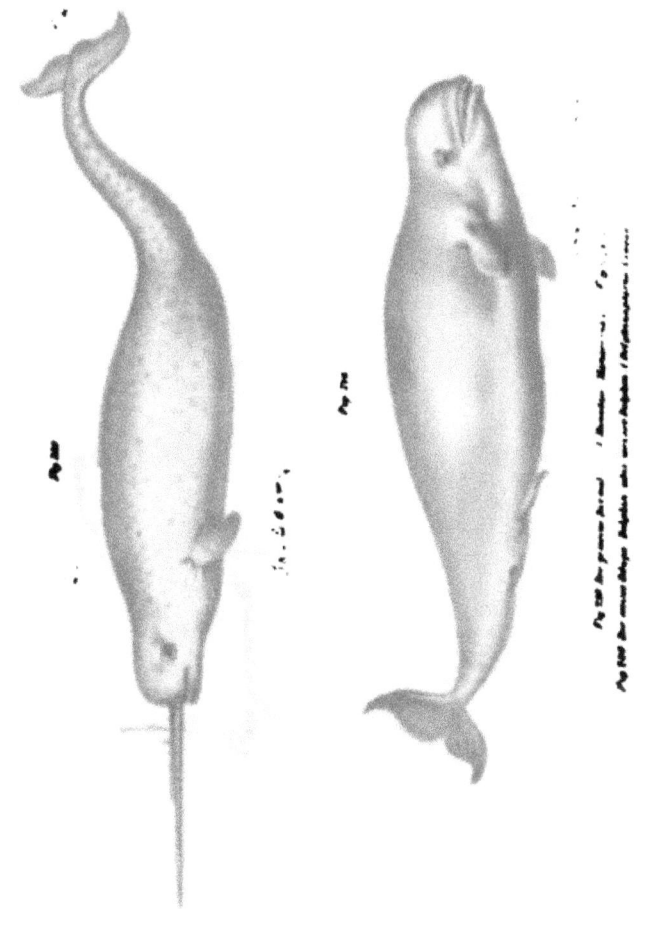

Fig 226 Der grosse Nord wal (Monodon Monoceros) (o)
Fig 200 Der runde Kopfige Delphin oder sein Delphin (Delphinapterus Leucas)

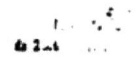

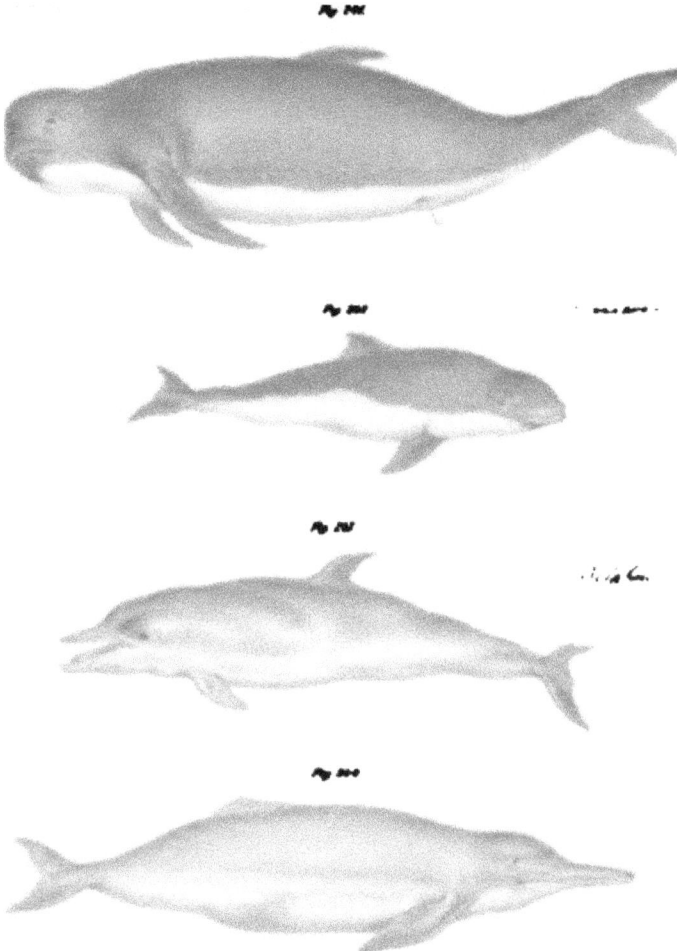

The Enn.

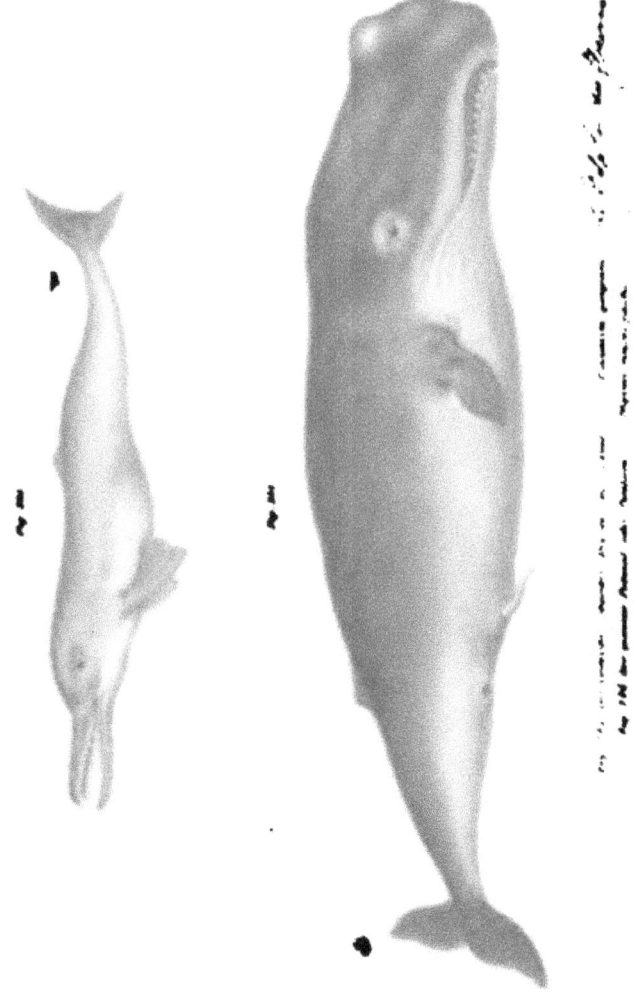